AF253451

T.⁵ 133.

VITALISME MÉDICAL

PAR M. BARBASTE,

PREMIER LAURÉAT DE LA FACULTÉ DE MONTPELLIER :

OU

RÉPONSE CRITIQUE

A LA THÈSE DE M. SALES GIRONS,

MEMBRE DE L'INSTITUT HISTORIQUE DE FRANCE,

SUR

Les Principes métaphysiques des Sciences naturelles
et en particulier de la Médecine.

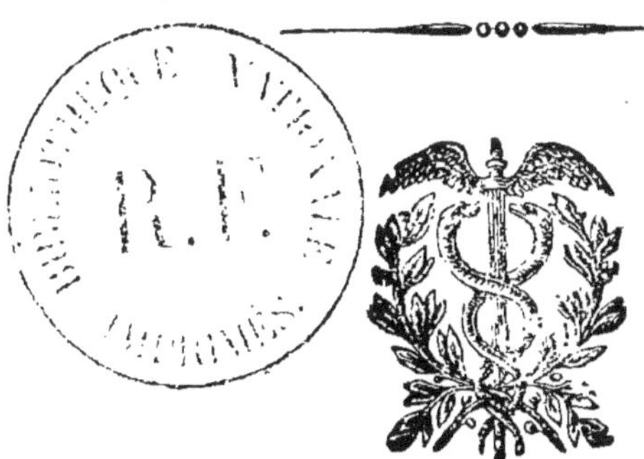

A ALAIS,

CHEZ L. BRUSSET, IMPRIMEUR-LIBRAIRE, PLACE St. JEAN.

1841.

VITALISME MÉDICAL.

OUVRAGES DE M. BARBASTE,

POUR PARAITRE INCESSAMMENT :

1° HISTOIRE de l'École de médecine de Monpellier , depuis son origine jusqu'a l'époque actuelle, 2 vol. in 8°

2° RECHERCHES sur la cause des mouvemens du cœur ,   1 vol in 8°

3° MÉMOIRE sur l'importance du système vasculaire considéré dans l'économie animale ,   1 vol. in 8°

VITALISME MÉDICAL

PAR M. BARBASTE,

PREMIER LAURÉAT DE LA FACULTÉ DE MONTPELLIER:

OU

RÉPONSE CRITIQUE

A LA THÈSE DE M SALES GIRONS,

MEMBRE DE L'INSTITUT HISTORIQUE DE FRANCE,

SUR

Les Principes métaphysiques des Sciences naturelles et en particulier de la Médecine.

———————●○○●———————

> Il faut croire à de certaines vérités comme à l'existence ; c'est l'âme qui nous les révèle et les raisonnements de tout genre ne sont jamais que de faibles dérivés de cette source.
>
> Mᵉ DE STAEL. *Considérations sur l'Allemagne. 3ᵐᵉ vol.*

LE travail que nous essayons de réfuter touche aux questions les plus élevées de la philosophie médicale ; l'auteur y développe une idée nouvelle, et cette idée, qu'il introduit dans les sciences naturelles, il veut l'asseoir sur les ruines de ce qui a été fait jusqu'ici. Les difficultés qui devaient naître nécessairement de la tâche que nous nous imposions, nous ont conduit plus d'une fois au moment de renoncer à notre critique ; et si nous avons repris haleine et redoublé d'efforts, nous devons l'attribuer uniquement à l'importance des questions que le sujet de cette thèse a remuées. En général une critique est une perte de temps pour celui qui l'en-

1841

(4)

treprend. Si l'ouvrage soumis à l'examen est de quelque valeur, la critique ne prévaut pas ; si , au contraire, l'ouvrage est mauvais, la critique tombe et disparait avec lui. Le professeur Lordat résume ainsi son opinion en pareille matière. « Quand on connaît le prix du temps il est trop pénible de l'employer à une si triste besogne. » Il fallait donc qu'il y eut plusieurs motifs pour oser entreprendre la critique d'une œuvre qui appartient à un ami. Ces motifs, nous l'avons déja dit, sont fondés sur l'mportance même des matières que cet ami a soulevées. Voici l'indication des principales :

1° C'est une *idée* philosophique *nouvelle*, dévelopée avec talent , que l'on propose et dont on veut faire la base des sciences naturelles et en *particulier* de la médecine.

2° La grande question des méthodes philosophiques est mise sur le tapis ; l'auteur croit pouvoir affirmer que son idée philosophique lui en fournit une méthode qui est destinée à supplanter toutes celles qui ont servi jusqu'à nous.

3° Une idée philosophique nouvelle qui porte sur *les principes mêmes des sciences naturelles*; plus une méthode qu'on destine à servir de véhicule à cette idée doivent naturellement conduire à la *réforme radicale* des sciences. Nous avons dû nous demander , si la médecine avait besoin d'une *réforme radicale* ; si sa nature pouvait la comporter ; si même elle n'avait pas à craindre l'accointance d'une nouveauté philosophique quelconque.

4° Pour révolutionner une science, il faut en connaître *le véritable esprit*, *le génie* ; sinon la tentative devient illusoire. Nous avons dû demander (1) à l'auteur s'il connaissait bien l'esprit de la médecine. (Notre demande n'ayant pout but que de montrer le danger des méthodes à *priori*.)

5° Indépendament des questions générales, la thèse contient encore plusieurs questions secondaires d'une haute portée : autre motif d'en faire l'examen.

---

(1) Lorsque M. Sales nous fit l'offre de sa thèse, il nous prévint qu'il fallait l'accepter comme de quelqu'un qui ne connaissait pas un mot de médecine.

(5)

6° Une thèse est toujours destinée à courir le monde. Or les personnes du monde qui ne sont pas versées dans l'étude des sciences naturelles, ni dans celle de la médecine, pourraient croire que notre science n'est qu'un art mécanique, routinier, conjectural, sans certitude; que ses principes sont mal défendus, qu'ils n'ont aucune garantie, puisqu'il est permis à tous les passans de leur porter des coups. Il importe donc à ceux qui se piquent d'un peu de zèle pour la science qu'ils cultivent, de surveiller l'introduction des nouveautés philosophiques.

Toutes ces raisons combinées ensemble nous ont fait surmonter notre répugnance, et fait suivre M. SALES jusqu'à l'application de son idée philosophique au sommeil, au rêve et au délire. Nous ne sommes pas allés au-delà ; des occupations pressantes nous en ont empêché. Dailleurs, le principe une fois détruit de tout point, il n'était pas difficile de le poursuivre dans ses dernières conséquences.

Quelques préliminaires deviennent indispensables pour faciliter l'intelligence de la critique que nous avons à faire ; ils mettront le lecteur en état de connaître le véritable caractère du procès; ils serviront de *Lemmes* propres à nous prémunir contre les diverses tendances de notre auteur.

Depuis que les idées de réforme se sont glissées dans la société, on a voulu subordonner les sciences à une marche progressive et ascendante : et ceux qui se sont chargés de cette mission ont été appelés *les hommes du siècle*. Malgré ce qu'il y a de louable dans les efforts de ces hommes généreux, il est des sciences qui ne sont pas susceptibles de se prêter à leur vues ; l'état, la constitution de plusieurs d'entr'elles ne comportent pas de changements (du moins tels que l'entendent les novateurs) : Ce serait pour elles de véritables *anticipations* qui loin de leur être utiles, ne feraient que les détourner de leur route régulière et assurée.

En médecine, peut-être plus que partout ailleurs, cette vérité a acquis toute son évidence. Ici, où l'on a été à même d'observer et de suivre pratiquement les effets désastreux des secousses et des violences scientifiques, on s'est convaincu de bonne heure que ces mouvemens ne tendent qu'à distraire et à déconcerter les commençants; on a reconnu que ni la réputation, ni les charmes d'un talent quelconque ne pouvaient ralentir la chûte, ni arrêter la ruine de toutes les fabrications que l'esprit humain improvise dans son délire. Les annales de la science, toujours ouvertes, sont prêtes a redire les désappointements des grands systématiques qui ont fait tant de bruit dans le monde.

Demandez-leur ce que l'opinion publique a conservé de ces hommes et de leur travaux. Demandez leur ce que sont devenues les brillantes théories de BOERHAAVE, aux yeux de l'Europe éclairée par une sage philosophie. Demandez-leur enfin, ce que seront les travaux de BROUSSAIS, dans cinquante ans d'ici, lorsque le temps, ce juge impitoyable, aura dissipé le prestige encore attaché à son nom. Nous passons par dessus les autres novateurs des divers siècles, et nous arrivons vîte à cette conséquence, savoir : que l'esprit de réforme ne constitue pas le véritable esprit de la médecine.

Celle-ci, loin du monde, coule ses jours en vrai solitaire ; elle n'assiste pas aux scènes sanglantes qui nous désolent; son ambition est nulle en quelque sorte ; elle ne dépasse jamais les limites que lui a indiquées la *nature*. Fidèle observatrice de cette dernière, la science médicale proprement dite n'élude aucun de ses commandements ; et parmi les autres sciences, ses compagnes, on la reconnaît à son maintien à la fois simple, grave et modeste : on dirait un vieillard, aux pas lents et gradués, qui ne veut point prendre un essor rapide que ne comportent ni son âge, ni son caractère.

Mais il faut en convenir, la médecine ne conserve pas toujours les habitudes pacifiques que nous venons de lui reconnaître. Indépendamment de la turbulence inquiétante de plusieurs de ses membres, elle trouve hors de son sein, et principalement dans ses rapports avec la philosophie, une source inépuisable de désordres. Remontant, en effet, par la pensée jusqu'à l'origine de la science de l'art de guérir, nous voyons cette philosophie toujours prête à l'envahir, toujours prête à la dominer. Il est des médecins, recommandables d'ailleurs, qui prétendent que nous devons tout à la philosophie, que toutes nos richesses dogmatiques, nos métodes, etc., en

(7)

proviennent directement. Ecoutons F. BÉRARD, ancien professeur
de l'É ·ole de Montpellier , enlevé trop tôt à la science. *Les gran-*
des révolutions de la médecine, dit il, sont venues de celles de là
philosophie elle-même et les *améliorations importantes* que l'on doit
espérer encore ne peuvent être cherchées que dans cette *source
première* » (Doctrine de l'École de Montpelier.) Ce savant médecin
avait déja dit dans le même ouvrage : « Il faut l'avouer, et au fond,
ce n'est pas à notre honte, *les métaphysiciens conduisirent les médecins* comme tous les autres savans. En vain , HIPPOCRATE croit
pouvoir se vanter, avec quelque raison, d'avoir *séparé la médecine
de la philosophie* de son temps; il fut *inspiré* par elle. »

Nous ne devons pas faire ressortir ce qu'il y a d'apostasie et
d'hétérodoxie (1) dans ces deux passages extraits d'un livre qui
était destiné à consolider les dogmes de l'École de Cos et partant
ceux de Montpellier, lesquels ne sont que la continuation, l'exten-
tion des premiers. Nous n'avons souligné que ce qui se rapporte
à notre sujet.

1° Nous avouons , sans peine, que les scandales et les désordres de notre science nous viennent de la philosophie ; mais nous
ne pensons pas que ces désordres aient jamais opéré dans cette
science un dérangement tel que l'indique le sens étymologique des
mots, *grande révolution.* Le mot *révolution* fait entendre qu'un nou-
vel ordre de choses a succédé à un autre ordre ancien, et que de celui-ci il n'est pas resté pierre sur pierre. Or, l'histoire de la médecine nous apprend *que les vérités de l'École Hippocratique* n'ont jamais péri, quoiqu'elles aient essuyé les coups de toutes les révolutions philosophiques ; elle dit que ces vérités ont reparu sur l'eau
quand la fougue des systématiques a été apaisée ; elle dit enfin
que les médecins de tous les âges se sont toujours mis à recons-
truire l'édifice de la science avec les mêmes matériaux qui avaient
servi à sa première édification. Que penser dès lors des idées révolutionnaires qui tourmentaient l'esprit de F. BÉRARD.

____

(1) F. Bérard appartenait à une coterie qui maudissait Barthez et tous
les siens. Le simple élève qui n'aspire qu'à dire la vérité ne peut avoir
l'intention de raviver ici ces scènes scandaleuses.

Ce professeur n'a pas voulu reconnaître que les révolutions n'atteignent jamais que la superficie de la science médicale, et non le fond; et que ce fond est immuable et invariable comme la nature humaine qui lui sert de base. Cette nature humaine n'a point changé depuis HIPPOCRATE, et les phénomènes nombreux qui en dérivent n'ont pas plus changé qu'elle. Comment donc supposer que la science ait pu changer ses bases et son fond, lorsqu'elle n'est, pour ainsi dire, que l'histoire dogmatique de ces mêmes phénomènes. Concluons que l'observation médicale ne peut point varier et que l'esprit philosophique qui nous dirige dans cette observation doit être identique dans tous les temps.

2° Quelles améliorations importantes peut-on attendre d'une *source première* qui n'a aucune voie pour arriver au cœur de notre science ? Comment cette philosophie ou source première, comprendra-t-elle nos besoins, lorsque les portes de notre *forum* lui sont fermées de toute part ?

3° Il n'est que trop vrai que les *métaphysiciens ont conduit les médecins*. Les philosophes de toutes les époques ont eu assez d'ambition pour vouloir assujettir tout ce qui était destiné à vivre avec eux. Mais ce n'est pas aussi exact de dire qu'HIPPOCRATE s'est flatté *envain* d'avoir *séparé la médecine de la philosophie*. Les grandes autorités médicales s'accordent à faire consister la gloire du vieillard de Cos, dans l'isolement où il sût retirer la médecine. On lui sait gré généralement d'avoir mis cette science à couvert des variations infinies de l'esprit philosophique de son tems. Ce grand homme savait très-bien que les observations qu'il avait si scrupuleusement receuillies n'auraient jamais de la valeur ni de la vogue, tant qu'elles seraient associées aux impuretés des sophistes.

4° Non ! HIPPOCRATE ne fut pas *inspiré* par la philosophie de son siècle. Mais plutôt il en créa une philosophie qui est bien supérieure à toutes celles qui avaient crédit dans ce siècle. Les théories sublimes de SOCRATE et de PLATON pouvaient bien sans doute fournir des matériaux à son génie; mais encore un coup HIPPOCRATE avait une philosophie à lui, et cette philosophie nous la ferons connaître ici même.

Le premier soin du sage vieillard quand il voulut donner à la médecine une philosophie naturelle, fut de rendre cette philosophie indépendante des disputes interminables des sophistes; et pour cela il la fonda sur l'observation simple et directe des faits. Ces faits, il les étudia sous toutes leurs faces ; il se rendit témoin oculaire des phénomènes nombreux qu'ils présentent, des changements qu'ils éprouvent dans leur cours; il établit aussi l'ordre de leur succession. C'était là la première vendange (1). Il se borna, dans cette première tentative, à l'ensemble collectif des faits observés; et il fit jaillir de leur sein *l'expérience* qu'il statua comme la pierre angulaire de la médecine.

Ce premier pas dans la philosophie naturelle ne suffisait pas pour constituer la science: il faut, nous le savons, autre chose que des faits pour arriver à ce dernier résultat, mais ne vaudrait-il pas mieux encore que la médecine en fût restée là, plutôt que de s'être laissée souiller par tant d'importations étrangères? Réduite à cet état de simplicité et de nudité, elle aurait épargné bien des peines à ceux qui plus tard eurent à remanier les faits à l'aide des bonnes méthodes de philosopher. HIPPOCRATE n'aurait-il que le mérite d'avoir ainsi dépouillé les observations médicales du limon philosophique, que ce serait encore pour lui un grand titre à la recommandation de la postérité.

Les faits forment le noyau de toutes les sciences; c'est sur eux que doivent être basés tous les raisonnements. On a beau *analyser*, *synthétiser*, *induire*, procéder *à priori ou à posteriori*, si l'on n'a pas des faits, et des faits bien observés, on n'aboutit qu'à des monstruosités, à des rêveries scientifiques. C'est dans les faits eux-

---

(1) BACON a indiqué, dans son Novum Organum, les stations que l'esprit fait pour arriver à la connaissance d'un objet. L'acquisition des faits relatifs à cet objet et leur première déduction constituent ce qu'il appelle la première vendange. AMPÈRE a établi à son tour quatre points de vues, sous lesquels il faut considérer l'objet dont on veut avoir une connaissance complète. Ces points de vue sont l'autoptique le cryptoristique, le troponomique et le cryptologique. Le professeur Lordat, pendant son décanat, a disposé les bustes de l'ATRIUM de l'Ecole de Montpellier d'après les vues de Bacon, et, plus tard, il a appliqué à l'étude de la médecine celles d'Ampère. (Voyez le livre de la perpétuité de la médecine.)

mêmes que la *nature* enfouit ses secrets ; c'est quelques fois là qu'il est permis de la surprendre et d'interpréter son langage. Pourquoi donc irions-nous par des efforts inouis provoquer ce langage , lorsque nous savons qu'il ne sera bien entendu que des initiés. Les faits observés d'ailleurs avec *sagacité et avec méthode* (1) , ressemblent aux pierres qui ont été taillées et disposées pour la construction d'un édifice ; ils vont eux-mêmes prendre naturellement leur place. FONTENELLE était sans doute dans cette persuasion quand il disait : « Que des vérités de faits » qui existaient séparées , offrent si vivement à l'esprit leurs » rapports et leur mutuelle dépendance , qu'il semble qu'après » avoir été détachées par une espèce de violence les unes d'avec » les autres , elles cherchent naturellement à se réunir en un » corps dont elles étaient les membres épars. »

Cependant HIPPOCRATE dont nous continuons à développer la philosophie, ne s'arrêta pas à l'observation pure et simple des faits : il voulut en extraire une *science* , et de plus une science *inattaquable.* Pour arriver à ce double résultat , il travailla les faits qu'il avait recueillis dans sa première vendange ; il les coordonna , les rapprocha ou les sépara , selon que les analogies ou les différences l'indiquaient. Et quand il s'attacha plus tard à en connaître les *causes* , au lieu d'aller chercher ces dernières dans les systèmes cosmologiques qui fournillaient autour de lui, ou dans des suppositions qu'il aurait pu former tout comme un autre , il voulut, au contraire, les déduire exclusivement des faits eux-mêmes. Il remarqua la succession et la corrélation des phénomènes ; cette remarque le porta à croire que *lorsqu'un phénomène succède constamment à tel autre , le phénomène qui précède a une force productive du second* (2) , et ainsi de suite pour tous les autres phénomènes consécutifs. En suivant cette chaîne continue qui lie tous les phénomènes observés , et qui montre l'ordre de leur succession , HIPPOCRATE découvrit

(1) Voyez Barthez : élémens de la science de l'homme.

(2) Voyez BARTEZ, loco. citato.

les *lois* de ces mêmes phénomènes, et des lois il parvint directement aux *causes*, lesquelles sortirent ainsi naturellement des faits.

Mais les phénomènes peuvent différer, dans une foule de circonstances : ils ne se prêtent pas toujours aux liaisons, aux enchaînements dont nous venons de parler : ils n'appartiennent plus alors à la même catégorie, à la même famille. D'ailleurs, lors même que les phénomènes *apparens* ou extérieurs auraient de la ressemblance, les phénomènes *intérieurs* qui en sont les causes productives pourraient bien différer essentiellement les uns d'avec les autres. De là le précepte, dans ces c..s de se bien appliquer à reconnaître, par une opération mentale, *la cause interne* qui produit tous les actes ; de là la nécessité d'admettre plusieurs *principes d'action*, afin de ne pas to·turer les faits en cherchant à les expliquer forcément par une seule cause, une seule force.

On prévoit déjà que cette manière rigoureuse de procéder à la recherche des *causes génératrices* des phénomènes sans jamais sortir du domaine de l'observation, n'a absolument rien à craindre de la part des réformateurs. La méthode philosophique d'Hippocrate n'est, si on peut parler ainsi, que le procès-verbal des divers actes de la nature humaine ; elle ne fait que sanctionner ces divers actes. Comment donc l'esprit de réforme pourrait-il avoir prise? Les Hippocratistes auraient bon droit de renvoyer leurs antagonistes à la *nature elle-même*, puisque c'est elle qui est *cause*, *source* et *principe* de tout ce qui est observé et érigé en *science*. Cette philosophie, qui promet une existance durable à tous les dogmes qu'elle établit, protège et défend, met la science tout-à-fait en garde contre les invasions de la *méthode à priori* ; elle ne s'enfonce jamais dans la vaine recherche des causes premières : L'âme ou la conscience qui en est le miroir, lui enseigne, là-dessus, tout ce qu'il importe de savoir. Elle limite semblablement avec sévérité le nombre des *causes occultes* que les anciens avaient trop multipliées, et que plusieurs modernes n'ont pas assez connues. Enfin, cette

philosophie nous a confessé par la bouche de **Barthez** sa réserve, sa sagesse et son ignorance relativement à l'essence et à la nécessité d'action des causes génératrices des phénomènes. « Les phénomènes de la nature, dit cet illustre physiologiste,
» ne peuvent nous faire connaître la *causalité* ou l'action nécessaire
» dont ils sont les effets ; mais seulement nous manifester l'ordre
» dans lequel ils se succèdent ; nous dire qu'elles sont les règles
» que suit la production de ces effets, et non ce qui constitue
» la nécessité de cette production. »

Voilà l'exposition succinte de la philosophie médicale, créée par **Hippocrate** et adoptée par les plus célèbres médecins des diverses nations. C'est cette philosophie qui a été connue de tout temps, sous le nom d'*empirisme raisonné*. C'est elle qui, vannée, criblée et dépouillée de tous les accessoires systématiques, a pu s'offrir constamment comme sœur légitime de la médecine ; c'est à elle, mais seulement à elle, qu'**Hippocrate** faisait allusion quand il disait : « La médecine doit entrer » dans la philosophie et la philosophie dans la médecine. » Basée sur l'expérience et l'observation, éclairée de tout ce que l'*analyse* ; la *synthèse* et l'*induction* peuvent donner de force à une raison saine ; cette philosophie ne peut, en effet, qu'être d'un immense secours à sa noble associée.

Et pour en revenir à F. **Bérard** : si ce professeur avait entendu parler de cette philosophie, quand il faisait supposer que nos richesses en provenaient inévitablement, nous aurions été de son avis sur presque tous les points ; mais les termes mêmes (1), dans lesquels **Bérard** a exprimé sa pensée, nous confirment dans l'idée qu'il ne voyait que la philosophie révolutionnaire et sophistique.

On peut faire encore à F. **Bérard** le reproche d'avoir cru que les méthodes médicales avaient été soutirées de la philosophie. En effet, la seule méthode philosophique qui soit adaptable à la médecine, c'est *l'induction baconienne*. Or,

---

(1) Voyez le passage que nous avons cité à la page 8.

il est prouvé que l'induction Baconienne n'est autre chose que l'empirisme raisonné créé par HIPPOCRATE. BÉRARD aurait-il dû ignorer qu'HIPPOCRATE, ici, avait été le précurseur de BACON? Si BÉRARD était dans cette ignorance, les leçons de FOUQUET et les ouvrages de MM. CAIZERGUES et LORDAT auraient pu l'en tirer.

Reconnaissons l'erreur : la pensée de BÉRARD n'a été faussée que par ce qu'il n'a pas vu le côté *immuable* de la science médicale. N'ayant remarqué cette dernière que par son côté *changeant*, celui qui suit les caprices du temps et de la mode; il n'a pu comprendre comment les *dogmes* et les *propositions doctrinales* avaient traversé tous les siècles révolutionnaires, sans éprouver d'altérations radicales ; il n'a pu comprendre que l'hippocratisme médical pouvait être rajeuni, étendu, perfectionné, mais non régénéré.

La conclusion de ce qui précède est que la médecine peut s'allier intimément avec cette partie de la philosophie qui est substantielle, pratique et universelle; En un mot avec celle que nous avons dit avoir été créée par HIPPOCRATE ; mais qu'elle ne doit aucunément passer contract avec cette autre philosophie qui vit d'intuitions, qui habie des régions nébuleuses, et qui se complait dans les hypothèses les plus gratuites. A l'égard de cette dernière philosophie, la médécine doit être continuellement en surveillance ; elle doit obliger toutes ses importations à une quarantaine rigoureuse.

Les personnes qui voudraient ramener forcément les sciences à la philosophie de leur siècle, ou à celle qu'elles ont conçue ou pour laquelle elles sont prévenues ; ces personnes n'approuveront pas peut-être la démarcation que nous venons de faire entre la philosophie *intuitive* et la philosophie *naturelle*. Ces personnes feront même, nous n'en doutons pas, plusieurs allégations à l'appui de leur opinion. Mais d'abord une simple remarque ne suffît-elle pas pour nous mettre en garde? La philosophie, en général, est une science trop mobile pour qu'il soit possible d'en faire la base de la médecine ; elle est aussi trop individuelle;

Elle varie selon les mille fantaisies d'un personnage quelconque. Comment alors donner un pivot si mobile à la médecine, science où il faut avant tout de la *fixité* dans les principes et une *foi* sans bornes à l'*autorité*. Un historien (1) allemand dont le témoignage ne sera pas suspect nous avertit, lui-même, du tort que nous aurions de fonder notre science sur la philosophie : « Tant de
» tentatives diverses et contradictoires hasardées, dit-il, dans
» ces derniers temps par l'esprit philosophique, ont pu rendre
» suspecte la philosophie elle-même, et faire désespérer de la
» solution du problème rationnel qui consiste à trouver un système
» de certitude fondé sur des principes. »

Il ne faudrait pas inférer du rejet que nous venons de faire de la philosophie prétendue progressive, et des inventions de cette philosophie qui se trouvent en dehors de la ligne tracée par le bon sens, que la médecine est une science complètement *stationnaire*. Tout ce que nous avons dit de son *immutabilité* ne doit pas autoriser à émettre cette opinion. Nous soutenons, au contraire, que la doctrine d'HIPPOCRATE s'est agrandie et perfectionnée en traversant les siècles ; et quand nous parlons *immutabilité*, nous voulons dire que les *dogmes* et les *principes* émanés de son sein n'ont jamais varié. Ces dogmes et ces principes sont l'expression de vérités éternelles. Or, de ce que ces vérités pratiques se retrouvent de nos jours comme du temps d'HIPPOCRATE, nous concluons que la *vérité* étant *une* et *simple* dans tous les âges et dans tous les lieux, les dogmes qui en dérivent doivent être *identiques* et *immuables* dans tous les temps. La science médicale est donc inamovible, quant au fond. Mais cette conclusion à laquelle nous nous arrêtons est sans préjudice des progrès qui se sont réalisés dans son sein. Autant voudrait admettre qu'un individu *adolescent* n'est plus le même individu quand il est arrivé à la *vieillesse*, parce qu'en passant par la série des années il aura éprouvé plusieurs modifications importantes....

Non, la médecine n'est pas une science stationnaire. Elle suit,

____

(1) Voyez TENNEMANN, histoire de la philosophie.

comme les autres sciences , les évolutions successives de l'esprit humain ; elle a cela de commun avec elles. Mais elle en diffère en ce qu'elle ne va point du même pas. Ses progrès à elle sont lents , tardifs ; ses mouvements sont ordonnés et compassés en quelque sorte. Dans les sciences , au contraire , qui ont le plus d'analogie avec elle , la mobilité est incessante , et l'on ne s'y reconnaît plus du jour au lendemain. Telles sont les sciences morales , politiques et philosophiques. Si nous ajoutons ce nouveau trait caractéristique à ceux que nous avons déjà signalés quand il a été question de son maintien au milieu des autres sciences , et de son esprit philosophique , nous pourons à l'avenir distinguer la médecine *moralement* et *dogmatiquement*. Il ne nous restera plus pour compléter le tableau qu'à la distinguer *historiquement*. C'est ce que nous allons faire.

Lorsqu'HIPPOCRATE eut séparé la médecine de la philosophie , il ne voulut pas cependant priver complètement de philosophie une science dont il posait les premières bases ; tout en la déclarant indépendante. Il lui insuffla donc la philosophie que son génie et son grand bon sens lui suggérèrent. Et c'est cette philosophie que les siècles ont admirée et respectée. Depuis cette époque mémorable, la science de l'art de guérir a pu vivre et se développer dans les faits qui lui étaient propres : elle a pu garder l'équilibre au milieu des luttes et des doctrines qui tendaient à l'envahir: elle a pu conserver et perpétuer ses dogmes , lesquels se sont épurés et multipliés en passant à travers le *Galénisme* , l'*Ecole d'Alexandrie* , l'*Arabisme* et le *moyen-âge*. Arrivée enfin aux grandes époques qui séparent le monde nouveau du monde ancien ; à ces époques de la renaissance des lettres , de la réforme religieuse , des découvertes modernes et de l'introduction dans les sciences des méthodes philosophiques de BACON et de DESCARTES : Si la médecine n'a pu résister au torrent et qu'elle se soit parfois abandonnée aux impulsions du *chimisme,* du *mécanisme ,* de l'*animisme ,* de l'*anatomisme* , etc.... Il faut avouer néanmoins qu'elle n'a pas été engloutie tout entière dans ce tourbillon irrésistible.

Voyez ! Les novateurs attaquent, avec une hardiesse qui tient de la rage, tout ce qui a quelque ombre d'ancienneté. Mais l'*hippocratisme* tient bon et reste debout, parce qu'il est de bonne trempe et qu'il porte en lui une force invincible. Les philosophes de ces siècles de mouvement lèvent le front, mais la doctrine d'HIPPOCRATE ne courbe pas le sien. BACON aura l'air de favoriser l'élan des réformateurs : il poussera à la démolition du vieil édifice scientifique par ces cris : *Sed instauratio facienda est ab imis fundamentis.* Mais, en présence de la médecine, le chancellier d'Angleterre déclinera son incompétence. Il reconnaîtra que cette science possède un génie spécial que tout le monde ne peut point manier : plus tard, il viendra lui-même faire le procès à la philosophie métaphysique, à cette philosophie des causes premières que nous avons combattue ; il nous dira : *Post veram physicam inventam, metaphysica nulla erit.*

Nous le demanderons maintenant et ce sera la conclusion de ce dernier paragraphe. Quelle est la science, dans la grande hiérarchie des connaissances humaines ? Quelle est la science qui, en traversant les siècles et les révolutions de tout genre, ait ainsi conservé ses *dogmes*, ses *mœurs*, son *génie* et par dessus tout son *unité* ? Oui, son *unité* : Car c'est là la grande force de cette doctrine médicale qui porte le nom d'*hippocratisme*.

Cette unité ne réside pas seulement dans la science. Elle descend dans le corps médical, s'y infuse pour ainsi dire et y prépare le plus beau fait connu de haute civilisation. En effet les médecins réalisent, parmi eux, le rêve des philosophes ; ils viennent tous se réunir dans la *communion hippocratique* (1). Il n'est pas un seul pays en Europe qui n'ait ses médecins attachés à la foi de cette grande *Ecole*. Unis et resserés par les liens qui les enchaînent à une même doctrine, ils passent par dessus les haines et les divisions nationales de ces temps, et se présentent à la face du monde comme une *association de frères*.

____

(1) On peut dire avec plus de raison du médecin ce que VOLTAIRE disait du philosophe : Il n'est ni Français, ni Anglais, ni Florentin ; il est de tous les pays.

Tandis que les peuples nourrissent entr'eux des inimitiés im-
placables, provoquées tantôt par la politique, tantôt par les
religions et les diverses sectes philosophiques ; tandis que aux
LUTHER, aux CALVIN, aux HENRY VIII, correspondent les
massacres, les tueries et les bûchers (c'est l'histoire qui parle) ;
tandis que les BACON et les DESCARTES absorbent et divisent les
esprits ; tandis que les LOCKE, les CONDILLAC, les MALLEBRAN-
CHE, les LEIBNITZ se partagent le monde de l'intelligence ;
tandis que les CROMWEL sapent et détruisent les bases de la
monarchie, du temps que les LOUIS XIV la portent au faîte de
la grandeur ; tandis que, enfin, les MIRABEAU, les FOX défendent
avec une vive et patriotique éloquence les principes de la révolution
française que les BURKE et les CHATEAUBRIAND combattent avec
des arguments presque irréfutables : La médecine, tranquille
spectatrice de toutes ses dissidence, invite les peuples à l'union et
à l'amour, par ses exemples et ses préceptes.

C'est ainsi que nous voyons LINNEUS entretenir avec le grand
SAUVAGES, la plus vive amitié ; SYDENHAM (1) corespondre avec
BARBEYRAC, de Montpellier, par l'intermédiaire de LOCKE ; et
LEIBNITZ, en relation intime avec BARTHEZ, la gloire de notre
école et le plus grand penseur peut-être qu'ait encore vu la médecine. Tous ces grands hommes admirateurs d'HIPPOCRATE en
continuent les travaux qu'ils perfectionnent et vont donner la
main aux autres célébrités médicales du monde civilisé. Tels
sont STHAL qui reconnaît l'unité du système vivant et rapelle
dans sa théorie des hémorrhagies « des principes fondamentaux
de la médecine hippocratique (2) » ; STOLL qui professe l'empirisme raisonné et possède le grand art d'observer les épidémies
à la manière d'HIPPOCRATE ; PIQUER, VALLES, FRACASTOR,
Prosper ALPIN, qui font honneur à l'Espagne et à l'Italie ;
BOOERHAAWE qui abjure sur ces vieux ans les erreurs de sa jeu-

(1) Ces exemples d'amitié entre les savants de la France et de l'Angleterre ne se reproduiront plus à l'avenir : les affaires d'Orient ont conduit
ces deux nations à la haine de Rome et de Carthage, et chez nous on
n'attend plus qu'un nouveau SCIPION...

(2) Voyez Kühnholtz : Cours d'histoire de la médecine.

nesse et honore ainsi ses cheveux blancs en rentrant dans la communion universelle ; tels sont enfin les FERNEL , les BAILLOU les HOUILLER , les DURET , les FOES , les RIVIÈRE , les BAUMES , etc. , dont les noms à jamais fameux placeront la France médicale à la tête des nations de l'Europe.

La médecine diffère des autres sciences par la marche et l'esprit de sa civilisation, nous venons de le prouver ; elle en diffère aussi par *son* éloignement de l'esprit de réforme , nous l'avons déjà dit ; elle en diffère enfin par sa nature intime et par le mode de ses rapports avec la philosophie, envers laquelle elle a à exercer une surveillance permanente.

§ I.er

Abordons maintenant l'examen critique de la thèse de M. **Sales**, et ramenons ce que nous avons à en dire à trois chefs principaux qui sont :

1. L'*idée* philosophique que l'auteur propose ;

2° Les diverses applications que l'auteur fait de cette idée mère ;

3° Les reproches qu'il adresse aux sciences médicales et particulièrement à l'école de Montpellier.

En proposant une idée nouvelle, l'auteur ne vise à rien moins qu'à la réforme complète de la science médicale. Pour lui, il n'y a encore rien de solidement établi dans cette science : Les méthodes en sont incertaines ; Les principes ne montrent qu'un embarras qui se perpétue en grandissant sur les conséquences. Pour lui, l'expérience n'est pas une vérité, et les progrès de la physiologie sont des leurres qui ne trompent que les commençants. Pour lui enfin la méthode à posteriori, l'induction baconienne et l'autorité ne sont que de vieilles idoles auxquelles on ne doit plus sacrifier à l'avenir.

Rappelons-nous les principes que nous avons développés dans les préliminaires ; leur souvenir nous prémunira constamment contre toute importation philosophique et contre les mille projets de démolition que nous voyons ourdir autour de nous.

La médecine, nous l'avons déjà dit, est une science inamovible ; elle a des lois, des dogmes et des principes qui lui sont propres. C'est donc une tentative vaine et téméraire que de vouloir la réformer, que de vouloir lui imposer des influences étrangères, que de vouloir l'emmancher tantôt dans le *condillacisme*, tantôt dans le *cartésianisme*, tantôt enfin dans le *Kantisme*. Mais hâtons-nous de suivre l'idée qui nous est proposée.

C'est d'abord à la Grèce que M. **Sales** emprunte son idée réformatrice ; c'est à cette terre de la philosophie, à l'école *Ionienne* qu'il demande la clef magique qui doit lui ouvrir les portes de la médecine. C'est, en un mot, avec l'*atome* de *Leucippe*, de *Démocrite* et d'*Epicure* qu'il veut pourvoir à tous les besoins scientifiques, combler les vides, remplir toutes les lacunes et composer cette grande *unité* que nous ne possédons point, dit-il, parce que *nous n'avons encore que des détails qui ne nous peuvent donner que l'incohérence.* Voilà donc la philosophie corpusculaire grecque destinée à régénérer les sciences naturelles et à faire descendre ses lois dans la médecine.

L'auteur accompagne sa créature atomistique à travers les siècles et lui donne, chemin faisant, grand nombre de tuteurs, jusqu'à ce que, arrivée en Allemagne, elle soit *reconstruite* et *réformée*. C'est du moins là l'opinion de M. SALES. Il suppose que l'*atome* a été transformée en *monade* et que LEIBNITZ n'a eu d'autre dessein que de continuer DÉMOCRITE. Un simple exposé des deux doctrines va nous prouver combien elles sont loin l'une de l'autre.

Pour LEUCIPPE et tous les siens l'atome est la division de la matière qui remplit l'espace ; il admet aussi un vide et le monde n'est, selon lui, que l'union et la séparation de la réalité matérielle dans ce vide.... Les atomes, l'espace vide et le mouvement sont les principes de ce système matérialiste. Toutes les modifications des corps et leurs propriétés sont déterminées par la position et l'ordre des atomes, et n'ont lieu qu'en vertu de la *nécessité*.... L'âme elle-même, dans ce système, n'est autre chose qu'une aggrégation d'atomes ronds, d'où résultent la chaleur, le mouvement et la pensée (Tennemann).

DÉMOCRITE fut l'élève le plus distingué de cette école, et c'est à lui qu'EPICURE, dont on connaît les maximes, emprunta les principaux points de sa métaphysique...

Peut-on concevoir, en philosophie, quelque chose de plus piètre et de plus borné que la doctrine de l'atomisme! Conçoit-on la gaucherie de vouloir imposer des vues si rétrécies, comme principes dirigeans des sciences naturelles et médicales, là où il faut des théories souples, larges et élevées pour embrasser la multitude de faits qui se présentent journellement?

Passons à la *monade*. Leibnitz dans sa jeunesse avait montré du penchant pour l'alchimie ; nous croyons même avoir lu quelque part qu'on eut beaucoup de peine à le détourner de la recherche de la pierre philosophale. L'esprit humain, on le sait, conserve toujours quelque trace de ses premières impressions. En sorte que si Leibnitz a eu, dans tous ses ouvrages, une propension invincible pour les hypothèses, il n'est pas déraisonnable de supposer que la direction de ses premières études y a été pour quelque chose. La monade est à la tête des créations hypothétiques de ce grand homme ; c'est elle qui est la clef de voûte de son système ; et s'il n'était pas permis en lisant ses œuvres de faire obstraction de cette chimère, le philosophe ne serait pas encore le premier génie de l'Allemagne.

Les monades ne peuvent subir aucun changement par l'action du dehors... Elles contiennent le principe de leur modification.... Elles ont des propriétés internes toujours distinctes.... Elles représentent des forces spirituelles qui tendent sans cesse à changer d'état ; en un mot elles sont des automates spirituels... Il y a une monade infinie, primitive ; il y a des monades secondaires ou produits, périssables et bornées, distinguées par le degré et la qualité de leurs phénomènes. Il y a aussi des monades sans aperception (âmes) : avec conscience obscure des aperceptions (âmes des bêtes) : avec conscience claire (âmes raisonnables ou esprits (Tenemann).

On le voit, l'hypothèse de Leibnitz est toute spiritualiste et l'on n'apperçoit pas la corrélation qu'elle pourrait avoir avec celle de l'atome. Aussi n'avons-nous pas été peu surpris quand nous avons vu M. Sales regarder *la monade* comme la continuation de l'atome, et Leibnitz comme le successeur de Démocrite. La méprise dans laquelle notre docteur est tombé à cet égard peut-être démontrée *historiquement* et *philosophiquement*.

1° Elle l'est philosophiquement en ce sens que la conception de l'atome est toute matérialiste et que les phénomènes de la matière, dans cette philosophie corpusculaire, ne sont expliqués que par une aveugle nécessité. Au lieu que dans Leibnitz les choses prennent une autre tournure ainsi que nous l'avons déjà vu. Ici ce sont les *dégrés* et les *qualités* des phénomènes qui distinguent la monade ; là c'est par la *position* et l'*ordre* des atomes qu'on se rend compte des modifications et des propriétés des corps, ce qui est bien différent.

M. Sales n'a pas saisi cette distinction radicale. Aussi a-t-il matérialisé la conception spiritualiste de Leibnitz. Que signifient ces mots *monade*, *dynade*, *triade*, etc. , dont il se sert pour indiquer les degrés d'organisation de plus en plus élevés que l'on observe dans l'échelle des êtres? N'est-ce pas faire entendre par là que l'individu *plante*, *animal*, ou *homme* n'occupe telle ou telle place, dans l'un des trois règnes, qu'en vertu seulement du nombre des monades qui le composent? Or, c'est aller précisément contre la pensée philosophique de Leibnitz qui n'élève point les individus d'après la *quantité* des monades qu'ils peuvent avoir ; mais bien d'après leurs *qualités*.

2º La méprise de M. Sales est aussi démontrée par l'histoire avons-nous dit. En effet, c'est Platon et peut-être aussi les idées du médecin français Glisson (Tennemann), qui amenèrent Leibnitz à la doctrine des monades. Mais nous ne voyons pas que ce dernier ait jamais mis son esprit en contact avec celui de Leucippe ou de Démocrite, ni qu'il ait recherché la société des pourceaux d'Epicure.

L'atome sort de l'école Ionique et traverse le monde Grec et Romain où il fait assez de bruit, pour arriver chez nous à l'époque qui sépare le dix-septième du dix-huitième siècle. Berigard, Magnenus, Sennert et Gassendi se l'approprient alors et le modifient, les uns, pour le faire entrer dans le christianisme ; les autres, pour l'appliquer à l'explication des phénomènes naturels, à la physique, etc.... Mais depuis cette époque où tous les systèmes philosophiques eurent quelque vogue, jusqu'au temps où le génie du superbe Bossuet fit tout pâlir devant lui, nous ne voyons pas ce qu'est devenu l'atome. Est-ce qu'il aurait été alors englouti dans le gouffre? Serait-il retourné au néant dont il n'était sorti que pour le malheur de la philosophie ? M. Sales, qui ne nous dit rien de tout cela, ne paraît pas croire à l'extinction complète de sa marotte philosophique. Nouveau Caméléon, il la voit se reproduire sous diverses formes toujours dans cette Allemagne, nation grande quant à la pensée, mais donnant trop facilement accès aux aberrations de l'intelligence. Nous suivrons notre docteur dans cette nouvelle route qu'il va se frayer, quand nous aurons arrêté les conséquences de ce qui précède : 1o. M. Sales a fondu à tort l'hypothèse atomistique dans la monade ; ces deux conceptions diffèrent essentiellement l'une de l'autre ; 2o. Il s'est trompé sur l'origine historique de cette dernière ; 3o il a dénaturé la conception de Leibnitz, ce qui fait supposer qu'il ne l'a pas suffisamment compris ou qu'il s'est plu à en fausser ainsi la pensée afin de la faire mieux concorder avec le panthéisme dont il aura bientôt à se servir.

En quittant Leibnitz, nous rencontrons Kant. La chose était inévitable puisque celui-ci est le continuateur de l'autre. Reste à savoir seulement de quelle manière Kant a continué Leibnitz. M. Sales ne serait pas fâché que ce fut en reproduisant l'*atome* et en le perfectionnant. C'est là son désir intime ; tout le secret de sa pensée est renfermée dans ce désir. Mais comme son langage n'est pas toujours en harmonie avec ce désir et qu'il reconnaît lui-même que Kant *détrôna* la doctrine de l'*atomisme* par le *dynamisme* dont il est le vrai fondateur, nous aurons à suivre cet auteur dans les inconséquences qui le poussent à faire encore revivre l'atome pour l'anéantir cette fois dans la *grande unité* de l'*être absolu* de Schelling, élève de Kant. C'est ce qui fera l'objet du deuxième chapitre où il va être question des applications du principe ou de l'idée philosophique que nous venons d'examiner.

§ 2.me

Les applications que l'auteur va faire de son idée philoso-phique nousintruiront mieux sur la valeur de cette dernière que tout ce que nous pourions en dire. Ces applications sont relatives : 1° à la médecine ; 2° à la physique et à la métaphysique.

En médecine , les praticiens de tout les temps se sont ac-cordés à reconnaître dans l'économie animale , une force conser-vatrice et parfois destructive à laquelle ils ont rapporté la plu-part des phénomènes physiologiques et pathologiques dont l'étude fait l'un des principaux objets de la médecine. Cette force , appelée *nature* , qui attire ce qui convient ou qui repousse ce qui ne convient pas au système, fait concourir toutes les parties de ce système à un but final ; elle les établit les unes par rapport aux autres dans une espèce de solidarité, dans une véritable synergie : Ce qui conduit irrésistiblement à l'admission de l'*unité vitale* dans les corps vivants.

Le grand fait d'unité dont il est ici question a été retrouvé par tous les médecins qui ont étudié sérieusement la nature hu-maine. Et, au remaniement de la médecine par les méthodes philosophiques modernes , BARTHEZ l'ayant apperçu au bout de l'induction Baçonnienne , le saisit , le convertit en loi et l'exprima sous le nom de *principe vital*. Malgré la sévérité logique avec laquelle ce grand physiologiste avait procédé à l'admission de ce principe , les turlupins de tout genre ne manquèrent pas de s'in-surger , et de crier au scandale , à l'invasion. Mais ils perdirent leurs temps . BARTEZ put répondre que ce n'était pas l'expression, *principe vital* , qu'il défendait ; mais bien le fait qu'elle repré-sente; il put répondre que sa doctrine était renforcée de tous les faits médicaux connus ; que ces faits pouvaient être compris et même enseignés sans qu'il fut rigoureusement nécessaire de re-courir à l'expression dont il s'était servi; que cette expression n'était adoptée que pour faciliter l'idée qu'on avait à se faire de la cause productive des phénomènes vitaux et de celle de leur enchaînement et de leurs rapports mutuels.

Mais M. SALES, n'ayant pas tenu à se mettre au courant des polémiques qui avaient assuré le triomphe à la doctrine Barthézienne, a préféré supposer à son auteur l'intention d'avoir attaché une haute importance au *principe vital*, et d'avoir même voulu s'en servir pour rendre compte de la vie. Voici les paroles du jeune docteur : « La vie dont un principe vital particulier, soit le *principe sceptique de* BARTHEZ, *ne pouvait rendre compte*, est dans le système de SCHELLING, le fait d'une harmonie de forces opposées qui, tendant au même but, se créent les organes correspondants comme intruments ou moyens, et constituent ainsi l'organisme. La vie ne peut, dans ce même système, appartenir en propre à un individu, elle est universelle et s'individualise elle-même dans un être selon les degrés de sa réceptivité ; il y a donc une *âme générale du monde*, qui lie toute la nature dans un organisme universel, et voilà le *principe* ou la *source* de la *vie particulière....* La nature, toujours d'après SCHELLING commenté par l'auteur, n'est plus une masse de matière inerte, elle est un être vivant qui doit avoir, l'intelligence de sa vie ; l'animal qui vit dans son sein reçoit de cette intelligence, qui tend à la coordination universelle, l'*instinct* ou l'*impulsion fatale* avec laquelle il exécute sa vie particulière. » Commentons ce qui vient d'être souligné dans ce passage :

1° L'expression, principe sceptique, dont on se sert pour caractériser la manière de philosopher de BARTHEZ sur les principes, frise le ridicule. BARTHEZ n'a jamais émis des doutes sur l'existence du principe vital ; puisqu'il reconnaît que l'existence de ce principe est liée essentiellement à celle d'un fait indubitable. Mais il a conseillé le scepticisme sur la nature et l'essence de ce même principe. Il ne voulait pas que les bons élèves perdissent leur temps à des recherches vaines et futiles.

2° Celui qui détournait les élèves de la recherche de la nature intime du principe de la vie, ne pouvait point d'un autre côté s'amuser à rendre compte de cette vie. Ce serait une imperti-

.nence que d'oser faire à Barthez le reproche d'une chose à laquelle il n'a jamais songé. Que les philosophes Allemands ou ceux qui se piquent de les suivre, s'enfoncent dans ce dédale : nous le concevons et même nous leur souhaitons bonne fortune. Mais nous, nous resterons fidèles à la méthode sévère de Barthez; nous n'irons pas nous perdre dans des régions dont il n'est pas permis de calculer l'étendue.

3° Si une âme générale du monde est le principe de notre vie, il en résulte que nous sommes intimement unis à cette âme, et que nos plaisirs et nos souffrances doivent être par conséquent ressentis par elle. Réciproquement, quand nous sommes malades la source de notre souffrance n'est pas en nous, mais bien dans l'âme universelle. Ce n'est donc pas à nous mais bien à cette âme que le médecin doit offrir le remède.

Si cette âme générale lie toute la nature dans un organisme universel; si les êtres, ici bas, sont irrévocablement enchaînés les uns aux autres, il s'ensuit que l'homme n'a aucune individualité, aucune personnalité. Il s'ensuit que la créature humaine est nécessairement solidaire du grand tout, ou fatalement liée aux autres créatures de son espèce, de telle sorte que les maux, les douleurs ou les plaisirs qui s'emparent de l'une d'elles doivent se répéter indéfiniment sur toutes les autres; il s'ensuit, enfin, que lorsque nous avons une fièvre, une colique, etc., nos parens et nos amis doivent les ressentir comme nous. Il suffit d'entrer tant soit peu dans ce système pour en remarquer l'extravagance et voir combien il dégrade l'être humain en le privant de sa *liberté* et de sa *responsabilité;*

4° D'après Schelling et notre auteur, un être vivant ne déroule la série des phénomènes par lesquels il manifeste son existence, qu'en vertu de l'instinct ou de l'impulsion fatale que *la nature* ou *l'âme universelle* lui a communiquée. Ici encore l'être vivant est privé de sa *spontanéité*; il obéit aveuglement à une volonté supérieure qui plane sur lui; il n'est plus en un mot qu'un automate vivant. Et cette nature que la philosophie Baconnienne permet de regarder comme la cause inconnue du rapport harmonique des actes vitaux, devient un être personnifié, doué de vie, d'intelligence et ayant même conscience de tous ses actes. N'est-ce pas là enfreindre toutes les règles de la philosophie Newtonienne ? Nous le demandons aux connaisseurs.

Les efforts tentés jusqu'ici pour détrôner le *naturisme* d'Hippocrate, ou le *vitalisme* de Montpellier par le *panthéisme* de Schelling, ne nous paraissent pas justifiés, et nous persistons à regarder l'expression, *principe vital*, comme très-propre à rappeler l'*unité*, l'*activité* et l'*individualite* du système vivant. Les personnes qui prétendent que cette expression tend à réaliser une abstraction ne sont pas de bonne foi, ou n'ont pas su comprendre Barthez, qui n'a jamais personnifié le principe vital que pour en parler comme d'une faculté vitale du corps humain et lui attribuer uniquement ce qui résulte immédiatement de l'expérience (1).

On vient de voir que M. Sales s'était jeté dans le panthéisme pour faire face au vitalisme médical. Nous croyons avoir démontré que cette dernière doctrine n'avait rien à craindre de ce côté. M. Sales nous avertit, lui-même, de l'insuffisance de la philosophie qu'il propose. Schelling (1) a donné, dit-il, un système complet de la nature avec la prévision que l'esprit y trouverait sa réalité ; mais l'esprit y a été négligé.

Que faire alors pour sortir d'embarras ? M. Sales abandonne Schelling, comme il a déjà abandonné Démocrite, Leibnitz et Kant, et vient se jeter dans les bras de Krause. Nous suivrons cet auteur dans cette nouvelle inconséquence ; nous disons inconséquence, car nous prouverons avant peu que les conceptions de tous ces philosophes sont radicalement opposées les unes aux autres.

En physique la première question qui se présente c'est de savoir comment la *force* peut avoir prise sur la *matière brute* ; c'est là la difficulté. M. Sales reconnaît que pour la vaincre, il ne peut

(1) Voyez les conseils de **M. LORDAT** et son livre de la perpétuité de la médecine.

(28)

faire usage de l'atome. Cet *atome brut ou solide absolu* qui u**
instant avant *était une vérité d'axiome scientifique* et qui n'avait
été *en rien modifié ni par* Epicure, *ni par* Bacon, *ni par*
Descartes, *ni par* Berzelius ; cet atome qui *a traversé tout
le christianisme* pour arriver jusqu'à *nous dans sa pureté native ;*
cet atome, disons-nous, est traduit maintenant à la barre et c'est
Kant qui va lui faire le procès. Ecoutons : « Quel est donc
» l'homme audacieux qui va citer par-devant lui le passé (atome)
» et le présent (monade), et lui imposer pour l'avenir une
» conception non-seulement modifiée, mais nouvelle el destruc-
» tive de l'autre ? Vous le verez : c'est Kant » qui, regardant le
vide absolu et le solide absolu comme une barrière établie contre le règne de la raison, introduit le dynamisme, dans les sciences physiques, pour pouvoir se rendre compte des divers phénomènes de la matière. Ce philosophe propose deux forces l'une
d'*expansion* et l'autre de *contraction*, auxquelles Schelling en
en ajoute une de rotation qui sert à l'union des deux premières
et qui permet d'expliquer la gravitation universelle. Certes nous
ne blâmerons pas M. Sales d'avoir admis avec Kant et Schelling des forces particulières propres à faciliter l'intelligence des
phénomènes de l'univers. Mais nous aurons toujours à lui demander comment il se fait qu'il abandonne si vite ses premières opi-
nions pour en adopter de nouvelles ? Nous l'avons déjà vu Panthéiste en médecine ; nous le voyons maintenant dynamiste en
physique. Examinons ce qu'il va devenir en métaphysique.

Pour M. Sales, Kant n'a atteint que la physique ; la conception de ce savant ne peut par conséquent l'orienter dans les
explorations qu'il a à faire en métaphysique. Aussi ne craint-il
point de déserter le dynamisme et même le panthéisme pour
adopter désormais l'idéalisme de Krause. Voici les motifs de
cette désertion : « Nous n'avons vu par Kant, dit M. Sales,
» que le procédé dynamique dans sa plus grande généralité ; il
» nous reste à voir, par Schelling, la coordination complète
» de tous les procédés qui élèvent la nature au grade d'être *en soi*
» et *pour soi*. C'est-là son plus beau titre à la gloire. »

« Un système complet de la nature et la prévision que l'esprit
» y trouverait la réalité; voilà la gloire de Schelling , mais rien
» au-delà; l'esprit y fut négligé , et une foule de travailleurs
» secondaires ne put pas fournir un successeur digne du maître.
» L'œuvre arriva donc au panthéisme naturel par les natura-
» listes. » Après de tels aveux il n'était plus possible de rester
dans le dynamisme de Kant , ni dans le système de Schelling ,
puisque le premier était incomplet et que le second conduisait
inévitablement au naturalisme que l'Allemagne ne voyait qu'avec
peine , lorsque Krause la releva de cette humiliation. Celui-ci ,
c'est M. Sales qui parle, fixe en vrai métaphysicien et psycho-
logue , la limite du monde naturel au-dessous du monde de l'esprit :
il signale le parallélisme des deux mondes, dont l'un représente
la réalité de l'idée de l'autre, *reconnaît comme indispensable et
démontre l'existence d'une âme corporelle ou naturelle* , dont les
facultés sont analogues aux facultés de l'esprit , *et par là explique définitivement l'union de l'esprit et du corps pour l'homme...*
C'est là la philosophie qui va occuper maintenant l'auteur que
nous réfutons. C'est avec cette philosophie qui reconnaît comme
indispensable et qui démontre l'existence d'une âme corporelle
analogue à l'âme spirituelle , et qui prétend fixer le rapport du
physique et du moral : c'est avec cette philosophie qu'il va nous
dire comment un esprit dirige un corps.

Cette question , on le sait, a occupé long-temps les philosophes. L'auteur lui-même le reconnaît et avoue qu'elle est encore
pendante malgré les travaux de toutes les sectes. Platon ne com-
prenait pas , par exemple, comment les types de l'entendement
divin pouvaient opérer sur la matière inerte , et Aristote ne
concevait pas non plus comment le *substratun* matériel pouvait
être accessible à la force.

M. Sales ne se laisse pas rebuter par toutes ses difficultés. Fort
de l'hypothèse qu'il emprunte à Krause, il croit le problème tout-
à-fait résolu. L'âme corporée est selon lui, le véritable médiateur
entre l'âme et le corps ; elle est le centre de leur commerce , de
toutes leurs opérations.

Cette hypothèse n'est que le renversement de celle de Cudworth (1). Pas plus que cette dernière elle ne satisfait l'intelligence. Pas plus que l'*influx physique* d'Euler, le *système des
causes occasionnelles* de Descartes et l'*harmonie préétablie
de* Leibnitz, elle n'explique le mystère de l'union de l'âme et
du corps. Nous dirons plus : l'admission de cette âme corporée
et la supposition (2) qu'elle a des facultés intellectuelles analogues à celles de l'esprit, sont des choses tout-à-fait contraires
au bon sens philosophique. Car au lieu d'une âme spirituelle
nous en avons deux ; ce qui est absurde

Qu'il y ait dans le corps humain, indépendamment des phénomènes intellectuels et corporels, un autre ordre de phénomènes
et une cause génératrice de ces phénomènes ; cela se conçoit très-
bien. Mais que cette cause soit spécifiée et dotée gratuitement
de facultés analogues à celles de l'âme pensante, voilà qui est
contraire à la bonne manière de philosopher. Pour ne s'être
pas conformé à cette bonne manière de philosopher que nous
avons indiquée dans les préliminaires, notre auteur vient expirer
dans les bras de la création chimérique de Krause, après avoir
erré d'hypothèse en hypothèse. C'est en vain qu'il s'essaye à jeter
quelque lueur sur les questions les plus ardues de la métaphysique.
Les portes du sanctuaire sont fermées à tous les profanes; il faut
savoir reconnaître des limites à la pensée : « Il faut comprendre
» ce qui est incompréhensible comme tel disait *Fichte.* » Les rapports de la nature extérieure avec l'âme et de cette dernière avec

(1) Cudworth a imaginé un agent intermédiaire, entre l'âme et le
corps, qu'il a décoré du nom de médiateur plastique. Cet agent participe
de la nature matérielle et de la nature spirituelle. En vertu de sa première nature il peut agir sur l'esprit et en vertu de la seconde il peut
agir sur le corps. Cet agent, dit Laromiguière, est une espèce d'amphi-
bie qui, pour vouloir réunir en une seule nature deux natures opposées,
s'anéantit lui-même entre une substance étendue et une substance iné-
tendue

(2) Il faut prouver l'existence de cette âme corporée, démontrer son
intelligence, lui trouver des facultés analogues à celles de l'esprit par
lesquelles elle puisse comprendre ses ordres et disposer ses propres forces pour un mouvement, tel mouvement et non pas tel autre. (Voyez
thèse de M. Sales.)

le corps sont au nombre des choses incompréhensibles auxquelles fait allusion le philosophe Allemand. Il s'agit seulement de savoir si la philosophie a eu raison d'en chercher l'explication dans un système absolu, dans un seul principe, dans l'âme ou dans la nature. Madame de STAEL s'est chargée de la réponse : « Il me semble, dit-elle, qu'un des titres de la philosophie de KANT à la confiance des hommes éclairés, c'est d'avoir affirmé, comme nous le sentons, qu'il existe une âme et une nature extérieure, et qu'elles agissent mutuellement l'une sur l'autre par telles ou telles lois. Je ne sais pourquoi l'on trouve plus de hauteur philosophique dans l'idée d'un seul principe, soit matériel, soit intellectuel ; un ou deux ne rend pas l'univers plus facile à comprendre, et notre sentiment s'accorde mieux avec les systèmes qui reconnaissent comme distincts le physique et le moral. »

Sachons bien reconnaître que ce n'est pas toujours de la force que de ne savoir se retenir. Les siècles qui comptent les plus forts penseurs ne sont pas ceux où l'esprit philosophique a été le plus désordonné. L'illustre auteur du génie du christianisme pense que rien n'a échappé aux écrivains du siècle de Louis XIV : « Mais que contemplant les objets de plus haut que nous, ils ont dédaigné les routes où nous sommes entrés et au bout desquelles leur œil perçant avait découvert un abîme. » Que ce soit là notre règle de conduite. N'allons pas nous engager imprudemment dans des questions que Pascal a déclarées insolubles. Avouons notre ignorance quand il le faudra, et confessons avec la candeur de ce génie sublime que « l'homme est à lui-même le plus prodigieux objet de la nature, car il ne peut concevoir ce que c'est qu'un esprit, et moins qu'aucune chose comment un corps peut être uni à un esprit ; et cependant c'est son propre être. »

Nous venons de voir que M. SALES, en recourant à l'hypothèse de l'âme corporelle, n'a pas été plus heureux, dans les explications qu'il a données du commerce de l'âme avec le corps, qu'il ne l'avait été auparavant en invoquant les systèmes de LEIBNITZ et de SCHELLING. Ce qui veut dire que les hypothèses, lors même qu'elles sont apportées par des hommes supérieurs, ne peuvent conduire l'esprit qu'à des erreurs certaines. Mais ce sont moins ces erreurs qui doivent nous arrêter présentement que la marche que l'auteur a suivie pour y aboutir. Parti de l'*atome* de l'Ecole Ionique il a conservé la conception matérialiste de ce système jusqu'à l'adoption de la *monade* qu'il a abandonnée pour se servir du dynamisme de Kant, et pour aller se perdre enfin dans le panthéisme et l'idéalisme absolu dont nous avons déjà parlé. Quelle corrélation y a-t-il entre ces divers systèmes? Si quelqu'un fait cette question à M. Sales, ce docteur répondra que tous ces systèmes portent l'atome dans leur sein, et que c'est l'atome modifié et perfectionné qui a été le principe dirigeant de son travail. Pour nous convaincre sur ce point, il nous dira que Leibnitz ayant adopté l'*atome* comme son enfant légitime, le convertit en *monade* et que plus tard Krause eut le grand mérite *d'achever le système qui est parti de cette monade pour atteindre à l'absolu*. Quelques réflexions nous prouveront qu'il n'existe pas de filiation entre ces divers systèmes et partant qu'il n'y a point d'unité philosophique dans l'œuvre de M. Sales.

1° L'atome porte avec lui une idée matérielle avouée par la secte elle-même. Leibnitz ne pouvait point se complaire dans un semblable milieu. Celui qui disait « qu'il existe, non-seulement en mathémathiques, mais encore en philosophie, des vérités nécessaires dont la certitude ne peut reposer sur l'expérience, mais qui doivent avoir leur fondement dans l'âme elle-même : » Celui-là ne pouvait guère sympathiser de cœur, ni d'esprit avec les fauteurs de la philosophie corpusculaire.

2° Kant n'a pas plus été le continuateur de Leibnitz sous le rapport de la monade, qu'il n'a été celui de Démocrite. Nous savons que ce philosophe regardait l'atome comme une barrière établie contre le règne de la raison, et qu'il voulut même bâtir son dynamisme sur les ruines de l'atomisme. Si vous supposez maintenant que la monade n'est plus que l'atome transformé, voyez ce que devient ce dernier dans les mains de Kant, et de grâce n'invoquez plus pour patron l'homme qui a porté les derniers coups à votre principe scientifique.

Quant à SCHELLING nous ne voyons pas non plus qu'il soit situé sur la ligne qu'a parcourue LEIBNITZ , ni même sur celle de KANT dont il était l'élève. L'auteur de la Théodicée avait des idées trop nettes sur la divinité et sur l'âme humaine , pour être confondu avec SCHELLING qui , selon Madame de STAEL , s'approche beaucoup des philosophes panthéistes , c'est-à-dire de ceux qui accordent à la nature les attributions de la divinité. Et le philosophe de Kœnisberg avait établi des limites trop précises entre l'âme et la nature extérieure , pour qu'il soit permis de croire que les idées absolues de l'élève ne sont que l'extension de celles du maître. Sous ce rapport nous croyons que M. SALES est tombé dans une erreur grossière. C'est en vain qu'il cherche à grouper dans une même famille les philosophes précités ; C'est en vain qu'il fait intervenir le grand nom de KRAUSE pour avoir l'air de donner une teinte spiritualiste à sa conception matérielle de l'atome. L'*âme corporelle* de KRAUSE ne saurait être la transformation de l'atome pas plus que de la monade ; et dans le cas du contraire il resterait toujours à décider si cette âme corporelle n'est pas une hypothèse. Ainsi matérialiste avec DÉMOCRITE , quasi spiritualiste avec LEIBNITZ et dynamiste avec KANT , M. SALES devient panthéiste avec SCHELLING et idéaliste avec KRAUSE : Avec tant de pièces de couleur différente n'y aurait-il pas de quoi former un habit d'Arlequin?

Nous avons fait connaître, dans le premier chapitre de la critique l'idée philosophique de M. SALES ; dans le deuxième , nous venons de voir les applications qu'il a voulu faire de cette idée à la médecine, à la physique et à la métaphysique. Il ne nous reste plus , pour remplir notre cadre , qu'à rappeller et à détruire successivement les reproches que cet auteur a adressés à la médecine et en particulier à la Faculté de Montpellier.

§ III.me

Nous passons aux reproches dirigés contre la science médicale; et nous les résumerons dans plusieurs numéros à chacun desquels correspondra l'objection indiquée.

1" La physiologie semble faire des *progrès*, mais ce sont des *leurres* qui ne trompent que les commençants : l'*embarras des principes* se perpétue en grandissant sur les conséquences et l'*expérience*, enfin, n'est pas une *vérité*; elle enveloppe à son insçu un mystère antipathique dans son axiome fondamental.

Il y a de nos jours deux sortes de physiologies qui sont en crédit; le première, crée par HALLER, adoptée par BICHAT et continuée par M. MAGENDIE, ne fournit que des conjectures à la science de l'homme, puisque ses investigations n'ont presque jamais ce dernier pour objet. Si M. SALES veut parler de cette physiologie nous lui accorderons sans peine que ses progrès ne sont en effet que des leurres, puisque toujours elle revient sur ses premiers pas. Mais les anciens avaient une autre physiologie qui les conduisit à la connaissance des grandes lois de l'économie animale. Cette physiologie s'occupe du système total de l'homme. Elle a été enseignée par les FERNEL, les G. HOFFMAN, les BARTHEZ, les GRIMAUD, les LORDAT, etc. ; et nous ne sachons pas que ses progrès aient jamais été suspendus, ni compromis.

Les principes n'embarassent pas cette physiologie sévère pro_fessée de nos jours avec tant d'éclat dans l'Ecole de Montpellier. Il faut vraiment n'avoir assisté à aucune leçon de cette Faculté pour oser tenir un pareil langage.

Si l'expérience, en médecine, n'est pas une vérité, quelle sera donc la base de cette dernière? Serait-ce les caprices et les fantaisies des nouveaux venus? Nous avons prouvé, dans les préliminaires, que la médecine doit surveiller toutes les innovations.

2 Nous avons été long-temps les enfants (on parle des Français) du *dogme*, et nous sommes devenus les enfants de l'*habitude*.

Eu France, nos ancêtres avaient une foi, c'était là leur plus beau titre à l'admiration des peuples. Cette foi était, sans doute, chez eux le résultat d'une profonde conviction. N'est-ce donc pas une insulte que de venir dire à un petit nombre de descendants que ce n'est que par un reste d'habitude qu'ils sont encore attachés à cette foi de leurs pères ? Ceci se rapporte à la morale et à la science.

Les Allemands affranchis du *dogme* par J. Hus, par les Gibbelins et surtout par Luther, n'ont jamais pu se soumettre à l'*habitude*.

Nous n'avons pas à examiner si c'est le plus beau côté de l'histoire de l'Allemagne de s'être affranchie du dogme. Tout ce que nous pouvons dire, scientifiquement parlant, en faveur de cette nation, c'est qu'elle a compté et qu'elle compte encore des médecins célèbres qui appartiennent à la doctrine d'Hippocrate ; et que si ce n'est là qu'une habitude, cette habitude est fort louable puisqu'elle est approuvée par ce qu'il y a de beau et de grand en médecine.

4° Au fond de toutes nos critiques, nous procédons toujours à *Posteriori*; nous avons toujours un *patron* sur lequel nous mesurons le système, patron *autorisé*.

Nous ne procédons à *Posteriori* que pour éviter l'erreur, et nous fuyons autant que possible la méthode à *Priori*, parce qu'elle a entravé pendant long-temps la marche des sciences.

Lorsque nous choisissons un patron nous le cherchons parmi ceux qui ont quelque valeur scientifique, parmi ceux dont l'opinion a été respectée par le temps. Que penser d'un auteur qui viendrait nous faire un reproche d'une semblable conduite?

5° Nous voulons bien partir et voyager à travers des espaces inconnus ; mais, comme Colomb, nous savons la *terre* où nous devons aborder. Qu'importe à l'*enfant égaré* par *quel chemin* on le reconduise, pourvu qu'il arrive à sa mère !

Ce serait une bien triste perspective pour des voyageurs que de ne pas connaître la mer ou la terre qu'ils doivent parcourir, que de ne pas avoir la moindre idée du terme de leur voyage. Provisions, boussole, courage, tout est en défaut, quand on n'a pas un guide assuré.

(56)

L'enfant égaré pousse des cris de désespoir quand il ne retrouve pas le chemin qui doit le mener à sa mère chérie. Ce serait de la barbarie que de lui refuser un mentor qui put, en toute occasion, le prendre par le bras et lui montrer le sentier du premier âge.

6º Chez nous la *vieille science* devient *conscience*. Que WINKELMANN, LESSING, CHATEAUBRIAND nous disent *beau comme l'antique*, cela regarde l'art. N'aurions-nous pas dit trop longtemps *vrai comme l'antique* ? Je m'adresse à la science.

La science répond que ce ne peut-être un défaut de faire conscience de ne point repousser les vérités que le temps a sanctionnées.

Elle répond, cette science, que la vérité étant une, simple et invariable, il n'y a pas de raisons de la repousser quoiqu'elle nous vienne des anciens. Elle répond, enfin, que les noms de THUCYDIDE, d'EUCLIDE, de SOCRATE, de PLATON, d'ARISTOTE, d'HIPPOCRATE, etc. sont assez imposants pour que nous puissions dire, en science comme dans les arts, *vrai comme l'antique.*

7º L'*Empirisme en médecine* : le mot peut nous déplaire ; mais la chose est selon nous, et ceux qui sont le moins empiriques lui ont *sacrifié bien souvent à leur insçu.*

C'est à l'empirisme que la médecine doit ses plus grandes découvertes. Comment donc aurions-nous à rougir de lui sacrifier, lorsqu'il est prouvé que les médecins les plus fameux en ont fait l'âme de leur pratique. Il y a d'ailleurs un empirisme raisonné et un empirisme aveugle et routinier. Il faudrait savoir quel est celui des deux dont M. SALES veut parler. Nous suivons nous l'empirisme raisonné, celui qui a été proposé par HIPPOCRATE, qui est enseigné dans l'Ecole de Montpellier, et que LEIBNITZ, père de la *monade*, regardait comme le seul procédé légitime que puisse admettre la science médicale.

8º HIPPOCRATE, dont la sagesse a été vérifiée par des siècles, est arrivé à une valeur *dogmatique* : c'est une autre religion.

Ce serait une grande erreur de croire qu'HIPPOCRATE, a été

(1) Demandez au vénérable professeur BROUSSONNET si l'expérience et les vérités traditives doivent être négligées en médecine.

dogmatique pur. Ce grand homme a combiné de la manière la plus heureuse l'empirisme avec le dogmatisme et a tempéré par ce moyen les excès de l'une et de l'autre doctrine.

9° Dans ce temps de centralisation absolue il n'est pas étonnant qu'il y ait eu entraînement, mais ce qui l'est évidemment c'est que l'on puisse faire encore une *distinction* entre *Montpellier* et *Paris*; c'est que vous *soyez* encore *philosophes*, quand il ne faut plus être que *naturaliste* ou *physicien* pour tout expliquer ; *vous avez résisté au* 18.me *siècle et à* BROUSSAIS ; vous avez la témérité de vouloir vivre d'une *vie* qui vous soit *propre*; on ne vous le pardonnera pas.

Il n'y a pas une seule pensée dans ce dernier numéro qui ne soit une erreur manifeste. On accuse Montpellier d'avoir résisté au 18.me siècle et à BROUSSAIS, et on feint d'ignorer que c'est là précisément l'un de ses plus beaux titres à la gloire. L'Ecole de Montpellier a détruit les hérésies médicales de toutes les époques; son devoir à elle est de lutter contre l'erreur et de conserver le dépôt sacré de la science. Qu'on déroule son histoire, l'on verra qu'elle n'a jamais manqué à cette haute mission. Comment expliquerions-nous aujourd'hui son silence, si elle n'avait prévenu ses élèves que la doctrine de BROUSSAIS renferme un germe de pourriture dont il faut éviter le contact? Comment l'absoudrions-nous de n'avoir pas hâté par la puissance de sa dialectique et la force de ses vérités, la chûte de ce fantôme scientifique que les *Parisiens* eux-mêmes ont plongé dans le gouffre? M. SALES ne connaît pas le mouvement actuel de la science médicale; il ne sait pas que la faculté de Paris s'est garnie de professeurs qui ont démontré, le scalpel à la main, les erreurs de la médecine physiologique. Ce docteur ignore semblablement que depuis dix ans environ la capitale a réagi en faveur de l'hippocratisme et que plusieurs ouvrages (1)

(1) Voyez les ouvrages de MM. Double, Cayol, Andral, Gerdy, Trousseau et Pidoux, Dubois d'Amiens, Auber, Castel, etc.

M. Cayol a démontré dans sa clinique médicale que les quatre médecins (Pinel, Corvisart, Bayle et Laennec) qui ont le plus illustré l'Ecole de Paris, depuis la réforme anatomique, ont compris la médecine à la manière d'HIPPOCRATE, d'ARÉTÉE, de SYDENHAM et de STOLL.

sortis de son sein sont empreints des idées médicales de l'É-
cole de Montpellier. Quand on ignore toutes ces choses on doit
garder le silence et ne point verser le blâme sur une École cé-
lèbre.

Que deviendrait la plus noble atribution de la doctrine du
vitalisme, si cette doctrine n'avait pas sû secouer le joug du
sensualisme du 18e. siècle? Et à quoi se réduirait enfin le
langage de M. SALES quand il dit: « Venir dire par-devant l'Ecole
de Montpellier que la philosophie est la condition fondamentale
de la science, c'est ignorer sa gloire parmi toutes les autres
Ecoles?» Si vous reconnaissez que cette École que vous voulez
blâmer se soit acquise un peu de gloire par sa haute philosophie, pourquoi iriez-vous l'accuser d'avoir résisté au *physio-
logisme* qui n'est rien moins que philosophique?

6° Qu'elle vive donc cette École! mais qu'elle vive de la
vie qui lui est propre; qu'elle s'enfonce dans sa nature spéciale
et s'y nourisse! quelle ne renie jamais son génie, ni sa foi!
Et si un jeune homme vient un jour soutenir à sa barbe qu'elle
a fort mauvaise grâce de vouloir se distinguer de Paris, que le
téméraire soit à l'instant expulsé de son temple.

C. Vous prétendez qu'il ne faut plus être que naturaliste ou physicien pour tout expliquer, et qu'on a tort d'être philosophe;
mais alors comment concilier ce que vous dites ici avec ce
que vous avez dit ailleurs : *La philosophie engendre la science,
la méthaphysique justifie la physique,* et BACON *se sera trompé en disant* (1) *le contraire.*

Quand on voit l'erreur et la contradiction se reproduire si
souvent dans un opuscule de 80 pages, il faut nécessairement
que l'idée mère qui a présidé à cet œuvre soit entachée de
quelque vice radical. Plus nous avons lu et médité le travail
de M. SALES, plus nous avons cru remarquer que ce malheureux
ami avait abjuré toute croyance et qu'il promenait vaguement
sa pensée dans le monde pour retrouver cette mère du cœur
humain.

(1) Post veram physicam inventam , metaphisica nulla erit.

Ce vide, accusé par l'abandon subit de tous les systèmes qui ne lui apportent pas l'eau nourricière dont il a besoin ; ce vide se convertit en un spectre ou mauvais génie qui ne lui montre que le mauvais côté des choses. Veut-il entrer en Grèce pour y prendre une idée philosophique ; n'ayez garde qu'il s'arrête à SOCRATE ou à PLATON : ses oracles, à lui, ne siègent pas à *l'Académie*, vous le savez. Veut-il aborder LEIBNITZ ; il ne voit précisément dans ce grand homme que ce que la philosophie a trouvé de plus blâmable en lui. (Si son système (monade) était solidement fondé, dit TENNEMANN, il n'en résulterait réellement qu'un déterminisme universel incompatible avec la liberté des êtres raisonnables.) Veut-il invoquer quelque autorité, BUFFON par exemple ; au lieu de suivre ce génie rare quand il place l'homme à la tête de la création et qu'il lui donne la première place dans son histoire naturelle ; il ne le remarque que quand il divise le règne organique en deux grandes séries qui ne font qu'une longue échelle, où la fin de l'une est le commencement de l'autre ; il ne le remarque que lorsqu'il peut lui dérober quelque idée favorable à son idée panthéiste.

Veut-il enfin aborder l'étude de quelques facultés du corps humain ; il n'aperçoit dans ce nouveau champ d'observation qu'une guerre intestine, un ver rongeur contre un principe de vie. Pour lui l'instinct, avec toute son intelligence, porte partout son fond d'erreur ; l'imagination est la mère des désordres et de l'absurdité ; la mémoire fugitive et fragile laisse le corps dans l'oubli de ses douleurs passées, pour n'avoir que le souvenir de la passion agréable dans laquelle il s'est abruti ; et au lieu d'être l'institutrice de son erreur, elle est la conseillère d'une jouissance qu'elle sait que le corps a payé cher. Pour lui, enfin, l'harmonie de l'homme est entravée par la puissance d'une intelligence maligne.

Quel est donc le démon qui t'inspire pour que tu ne voyes partout que désordre et douleur. Envain tu dissimules cette douleur qui t'accable ; envain tu tortures les écritures pour leur faire tenir un langage qui ne peut s'unir avec le tien ; euvain tu évoques l'espérance, la charité et le dévouement dont l'homme est capable. Ta parole trahit ta pensée, et celle-ci te ramène à ne trouver autour de toi qu'un abîme sans fin : « Que de fois pour-« suivant une idée de l'homme jusqu'à sa source, j'ai parcouru « le champ de l'esprit et j'arrivais au panthéisme; que de fois, « en descendant de Dieu à l'homme, je perdais celui-ci et j'arri-« vais au panthéisme; chaque fois regrettant ce pauvre moi, qui « s'annihilait dans cet océan sans limites.... »

Enfant de Lord Byron, tu traînes ta vie par la pensée, sur la terre étrangère. Ton œil cave, tes joues creuses et les rides prématurées de ton front décèlent le fatal ennui, le noir chagrin qui te dévorent. Puisses-tu après avoir erré de rivage en rivage, conduire tes ossemens au lieu qui les vit naître! Puisses-tu revoir le toit de la patrie et ne point oublier que tu y reçus autrefois les eaux du baptême! C'est ce que te souhaite un ami sévère, mais sincère.

FIN.

A ALAIS, CHEZ L. BRUSSET, IMPRIMEUR-LIBRAIRE.